T/CAGHP 058—2019

目　次

前言 ……………………………………………………………………………………………………… Ⅲ
引言 ……………………………………………………………………………………………………… Ⅳ
1 范围 …………………………………………………………………………………………………… 1
2 规范性引用文件 ……………………………………………………………………………………… 1
3 术语和定义 …………………………………………………………………………………………… 1
4 总则 …………………………………………………………………………………………………… 2
　4.1 目的任务 ………………………………………………………………………………………… 2
　4.2 工作内容 ………………………………………………………………………………………… 2
5 施工组织设计与施工准备 …………………………………………………………………………… 2
　5.1 一般规定 ………………………………………………………………………………………… 2
　5.2 资料收集 ………………………………………………………………………………………… 3
　5.3 施工组织设计 …………………………………………………………………………………… 3
　5.4 施工准备 ………………………………………………………………………………………… 3
　5.5 鉴别孔施工 ……………………………………………………………………………………… 3
6 监测设施施工 ………………………………………………………………………………………… 4
　6.1 一般规定 ………………………………………………………………………………………… 4
　6.2 基岩标 …………………………………………………………………………………………… 4
　6.3 分层标 …………………………………………………………………………………………… 7
　6.4 地下水监测井 …………………………………………………………………………………… 9
　6.5 孔隙水压力监测孔 ……………………………………………………………………………… 12
　6.6 水准点 …………………………………………………………………………………………… 14
　6.7 卫星定位系统监测点 …………………………………………………………………………… 16
　6.8 SAR角反射器 …………………………………………………………………………………… 17
7 防治设施（工程）施工 ……………………………………………………………………………… 18
　7.1 一般规定 ………………………………………………………………………………………… 18
　7.2 地下水回灌井 …………………………………………………………………………………… 18
　7.3 注浆 ……………………………………………………………………………………………… 19
　7.4 预压 ……………………………………………………………………………………………… 20
　7.5 其他工程措施 …………………………………………………………………………………… 20
8 职业健康、安全生产和环境保护 …………………………………………………………………… 20
　8.1 职业健康 ………………………………………………………………………………………… 20
　8.2 安全生产 ………………………………………………………………………………………… 20
　8.3 环境保护 ………………………………………………………………………………………… 21
9 竣工报告与工程验收 ………………………………………………………………………………… 21

Ⅰ

9.1 一般规定	21
9.2 竣工报告编制	21
9.3 工程验收	21
9.4 资料归档	22
附录A（规范性附录） 施工组织设计编制大纲	23
附录B（资料性附录） 施工工艺流程图	24
附录C（资料性附录） 主要施工用表表式	28

前 言

本规范按照 GB/T 1.1—2009《标准化工作导则 第 1 部分：标准的结构和编写》给出的规则起草。

本规范附录 A 为规范性附录，B、C 为资料性附录。

本规范由中国地质灾害防治工程行业协会负责提出并归口。

本规范起草单位：上海市地矿工程勘察院、上海市岩土地质研究院有限公司、上海市地质调查研究院、上海市地矿建设有限责任公司、山东大学、安徽省地质矿产局 321 地质队、深圳市工勘岩土集团有限公司、江苏省地质工程勘察院、广东省地质局第四地质大队。

本规范主要起草人：巫虹、陆惠泉、季善标、何招智、施亚霖、施刚、张云达、金清山、严学新、史玉金、马君伟、韦继雄、王贤能、李术才、李利平、石少帅、牟建华、陈明忠、杨天亮、洪玉明、姚均、谢世红、揭江、靳长昆、瞿宜山。

本规范由中国地质灾害防治工程行业协会负责解释。

引 言

为了规范地面沉降防治工作中各类监测设施与防治设施(工程)建设的施工技术要求,本规范编制组经广泛调查研究,认真总结以往地面沉降监测设施与防治设施(工程)施工经验,参考国家现行标准,在广泛征求有关单位和专家意见的基础上,制定了本规范。

地面沉降防治工程施工规范(试行)

1 范围

本规范规定了基岩标、分层标、地下水监测井、孔隙水压力监测孔、水准点、卫星定位系统监测点和 SAR 角反射器等地面沉降监测设施施工及地下水回灌井、注浆、预压等地面沉降防治设施(工程)施工的技术要求、程序方法以及检验验收要求。

本规范适用于地面沉降防治工程中所规定的监测设施和防治设施(工程)的施工、质量检验与工程验收。

2 规范性引用文件

下列文件对于本规范的应用是必不可少的。凡是注日期的引用文件,仅注日期的版本适用于本标准;凡是不注日期的引用文件,其最新版本(包括所有的修改单)适用于本规范。

  GB 50027 供水水文地质勘察规范
  GB/T 12897 国家一、二等水准测量规范
  GB/T 18314 全球定位系统(GPS)测量规范
  AQ 2004 地质勘探安全规程
  CECS 55:93 孔隙水压力测试规程
  DZ/T 0148 水文水井地质钻探规程
  DZ/T 0227 地质岩心钻探规程
  DZ/T 0283 地面沉降调查与监测规范
  JGJ 79(J 220) 建筑地基处理技术规范
  JGJ 46 施工现场临时用电安全技术规范
  T/CAGHP 026 地面沉降防治工程设计技术要求(试行)
  DZ/T 0154 地面沉降水准测量规范

3 术语和定义

下列术语和定义适用于本规范。

3.1
地面沉降 land subsidence
因自然因素和人为活动而引发地层压缩所导致的地面高程降低的地质现象。

3.2
地面沉降监测设施 land subsidence monitoring devices
监测地面沉降动态的各类观测标志和设施,包括基岩标、分层标、水准点、卫星定位系统监测点、SAR 角反射器等观测标志和地下水监测井、孔隙水压力监测孔等观测设施。

3.3
地面沉降防治设施（工程） land subsidence prevention projects

为减少或控制地面沉降地质灾害发生或加剧而设置的人工回灌设施和加固治理工程。包括地下水回灌井、注浆、预压和其他防治工程等。

3.4
注浆 grouting

在地面沉降发生发育区，用适当的方法将某些能固化的浆液注入软弱土体中，通过置换、充填、挤压等方式以改善其物理力学性质，达到控制地面沉降的工艺方法。

3.5
预压 preloading

在地面沉降发生发育区，对欠固结土体通过施加一定压力来控制地面沉降的工艺方法。

3.6
鉴别孔 differential hole

钻进时，仅取扰动土样，用以鉴别土层分布、厚度及状态的钻孔。

4 总则

4.1 目的任务

提出地面沉降监测设施和防治设施（工程）的施工基本要求、施工工艺、质量检验等技术要求，对施工准备、施工过程、竣工报告与工程验收等工作进行规范，为地面沉降防治工程施工提供科学依据。

4.2 工作内容

4.2.1 通过规定基岩标、分层标、地下水监测井、孔隙水压力监测孔、水准点、卫星定位系统监测点和SAR角反射器等监测设施（标志）施工的具体施工流程与技术要求，为开展地面沉降监测与防治施工工作提供技术依据。

4.2.2 通过规定地下水回灌井、注浆、预压等施工方法及技术要求，为地面沉降防治和治理施工工作提供技术依据。

4.2.3 地面沉降监测和防治设施（工程）施工过程中，明确职业健康、安全生产和环境保护等工作要求。

4.2.4 地面沉降监测和防治设施（工程）施工结束后，明确进行编制竣工报告，完成工程验收，并进行资料归档等要求。

5 施工组织设计与施工准备

5.1 一般规定

5.1.1 地面沉降监测设施和防治设施（工程）应按设计文件要求进行选点和定位，未经许可不得移位，并按设计要求提交选点相关资料。

5.1.2 地面沉降监测设施和防治设施（工程）施工应严格执行施工组织设计，做好地质编录和施工记录，并根据地层资料变化及时调整施工方案。

5.1.3 施工使用的材料、产品和设备,应符合国家现行有关标准、设计文件和施工方案的规定。

5.1.4 施工过程中及时对隐蔽工程、重要工序和关键部位进行质量检验或测试,并应做好记录。

5.1.5 地面沉降监测设施和防治设施(工程)施工中,鼓励采用新技术、新工艺、新材料、新设备。对于首次使用的新材料、新工艺应在现场进行相应的试验,取得可靠工艺参数后方可应用。

5.2 资料收集

5.2.1 地面沉降监测设施或防治设施(工程)施工前应进行场地落实及现场踏勘工作,了解场地施工条件、交通运输条件及水、电等情况。

5.2.2 收集设计资料,相关规程、规范和地质资料等相关材料。

5.2.3 基岩标、分层标、地下水监测井、地下水回灌井等监测和防治设施施工前宜在所在场地内实施鉴别孔,以获取场地准确的地层资料。

5.3 施工组织设计

5.3.1 施工前,应编制施工组织设计,并完成施工组织设计的审查和审批;无施工组织设计或设计未经审批不得组织施工。

5.3.2 施工组织设计应依据合同或委托协议约定、设计要求和本规范要求进行编制。

5.3.3 施工组织设计编制时,应综合考虑场地环境条件、地质条件、监测设施结构形式或防治设施(工程)建设要求,选择施工设备、方法与工艺。

5.3.4 施工组织设计宜按附录A的格式和内容要求进行编制。

5.3.5 施工组织设计应根据工程项目管理权限进行审查和审批。若设计变更应按原审批程序进行审批。

5.4 施工准备

5.4.1 施工前应进行设计交底和图纸会审,设计交底由设计单位、施工单位和监理单位共同参加,并形成记录。

5.4.2 进场施工前应进行现场准备,场地应满足"三通一平"等施工条件。

5.4.3 应做好现场平面布置,对钻塔塔脚处地基进行加固,必要时浇注混凝土墩。

5.4.4 布设冲洗液循环系统,泥浆池容积应不小于钻孔体积的2倍,循环槽总长不宜小于15 m。

5.4.5 根据施工组织设计安排,应配置钻探设备、钻具、管材、工具,筹备冲洗液材料、封孔回填材料等物资。

5.4.6 按标准要求安装钻塔、钻机等施工设备,设备安装应符合《地质勘探安全规程》(AQ 2004)的有关规定。

5.4.7 施工前应对施工设备的安装质量,水、电、场地安全防护设施等按照设计要求检查验收。

5.4.8 施工单位应进行施工技术与安全交底,并形成记录。

5.5 鉴别孔施工

5.5.1 鉴别孔孔位、孔深和终孔直径根据地质设计要求确定。

5.5.2 钻孔结构和钻进方法确定:

5.5.2.1 钻孔结构根据地质条件、终孔直径及深度、钻进工艺方法和钻探设备等因素综合确定,一般宜采用单一孔径。

5.5.2.2 钻进方法应根据钻遇地层可钻性、岩芯采取要求、钻孔结构和施工条件等因素综合确定。

5.5.3 钻进过程中,应采取措施保证钻孔垂直度,必要时采用导向钻具。

5.5.4 钻进成孔、取芯应满足地质设计要求。地质设计未明确时,应满足下列要求：

5.5.4.1 孔深误差：孔深误差不大于1‰,每钻进50 m及终孔时各校正孔深一次,误差超过时应及时纠正。

5.5.4.2 钻孔垂直度控制：终孔钻孔累计顶角不超过2.5°,每钻进50 m及终孔时测量孔斜一次,孔斜误差要求每100 m钻孔顶角不超过1°。发现孔斜超过时应及时纠偏。

5.5.4.3 岩芯采取应符合下列规定：

   a) 岩芯采取率：黏性土不低于90%,砂性土不低于75%,完整基岩不低于90%。连续落芯孔段：黏性土不得超过2 m,砂性土不得超过3 m,基岩不得超过1 m,不符合要求时必须补取。
   b) 岩芯应按次序整齐地排放入岩芯箱内,不得颠倒、混淆,每回次取芯应详细填写岩芯标签。

5.5.5 施工记录与地质编录应符合下列要求：

5.5.5.1 钻进过程中应详细记录钻进情形、冲洗液消耗及其他异常情况；井内发生事故时,应详细记录事故内容,说明事故原因,处理事故情况以及对成井质量的影响程度。

5.5.5.2 及时、规范进行回次编录描述,内容要真实、详细、准确,应留有地层照片。

5.5.6 地层柱状图绘制：鉴别孔施工结束,应及时绘制地层柱状图,柱状图应包含地层岩性、埋深、厚度及地层描述等内容。

6 监测设施施工

6.1 一般规定

6.1.1 各类监测设施结构要求由委托单位或设计单位提出,无具体要求时,可按《地面沉降调查与监测规范》(DZ/T 0283)附录相关内容确定。

6.1.2 质量检验应在施工过程中进行,验收应在现场施工结束后进行。

6.1.3 质量检验与验收的记录、数据和图件,应保持完整,并应按要求整理分析。

6.2 基岩标

6.2.1 构件

基岩标构件主要由保护管、标杆、扶正器、主标头和副标头组成。

6.2.1.1 保护管

   a) 保护管一般宜采用梯形或矩形丝扣连接,丝扣表面应光滑。
   b) 保护管底部宜安装钢质环状托盘。保护管顶部安装保护盖,保护管顶盖应开中心孔,并镶有铜套,其内径宜大于主标头外径1.5 mm~2.0 mm。
   c) 保护管与顶盖宜采用丝扣连接。

6.2.1.2 标杆

   a) 应根据设计扶正器安装位置确定单节标杆的长度,ϕ89 mm、ϕ73 mm标杆连接一般宜采用梯形或矩形丝扣连接,ϕ42 mm标杆可用锁接头丝扣连接,丝扣表面应光滑。
   b) 管材应圆直,每米管材的弯曲度应不大于1 mm,壁厚误差不得大于10%,丝扣及变径连接应与管材同心。

c) 底部应安装环状托盘,材质宜为45♯碳钢,托盘与标杆宜采用丝扣连接,托盘底部宜开 ϕ30 mm的孔眼。

6.2.1.3 扶正器

a) 扶正器由导轮和导正架组成,导轮可采用钢或铜制滚轮;导正架的3个导轮支架在水平面成120°分布,材质应采用45♯碳钢或铸钢件,导正架环内侧表面应光滑。导轮安装后应能在导正架上顺畅旋转。
b) 扶正器与标杆之间安装铜质环套,扶正器与铜质环套应按间隙配合制作。
c) 应检查标杆扶正器在保护管内是否运动正常,扶正器导轮外径应比保护管内径小4 mm～6 mm。

6.2.1.4 主标头

a) 长度宜为400 mm～500 mm,应高出保护管顶盖100 mm左右,外径应比与其相连接的标杆直径大2 mm～3 mm。
b) 应采用不锈钢制作,常用的材质为1Cr18Ni9Ti或其他不低于本型号的材质,顶端应制成半球弧形。
c) 主标头与标杆宜采用丝扣连接。

6.2.1.5 副标头

a) 副标头应用不锈钢制作,材质同主标头,直径宜为12 mm,顶部制成半球弧形,宜采用焊接方式固定在保护管顶盖上。
b) 保护管顶盖应采取镀铬处理。

6.2.2 钻探(成孔施工)

6.2.2.1 基岩标的施工工艺流程宜参照本规范附录B.1执行。钻进工艺参数可结合地层条件和钻进方法参照《水文水井地质钻探规程》(DZ/T 0148)和《地质岩心钻探规程》(DZ/T 0227)选择确定。

6.2.2.2 钻孔结构应依据下列因素确定:
a) 根据地质条件、终孔直径及深度、钻进工艺方法和钻探设备等因素综合确定。一般宜采用二级结构,地质条件复杂时,可采用多级结构。
b) 钻孔井口应设置孔口保护管,孔口保护管内径宜比钻孔直径大50 mm～100 mm,下管深度应进入原状土层或稳定地层2 m以上,且应在保护管外侧做好止水及固定措施。
c) 标底基岩部分钻孔直径不宜小于130 mm,其他部分成孔直径宜比保护管外径大100 mm～150 mm。

6.2.2.3 钻进成孔方法:
a) 钻进方法应根据岩土层的可钻性、岩芯采取要求、钻孔结构和施工条件等因素综合确定。
b) 基岩标钻探施工应充分综合本地区的钻探经验。
c) 成孔一般宜采用小口径钻进、大口径扩孔的钻进方法。
d) 在钻进(或扩孔)、换径钻进时应采用导向钻具,保证钻孔垂直度。

6.2.2.4 钻进工艺技术要点:
a) 开孔前应校正钻具垂直度,开孔采用低钻压、慢转速、小泵量的钻进技术规程参数,钻进一定深度时宜采取导向钻具、减压钻进等技术措施,预防孔斜。
b) 钻进过程中应按设计要求进行孔深校正、孔斜测量,发现超差时应及时进行纠正。
c) 冲洗液应根据地质条件和钻进方法等因素合理选用。

T/CAGHP 058—2019

  d) 护壁方法应根据地层岩性、钻进方法、钻孔结构及施工情况确定,必要时可采用套管护壁。
  e) 换径钻进时应采用导向钻具,其长度不宜小于 5 m。
  f) 钻进过程中应根据地层情况,合理调整冲洗液性能指标,稳定孔壁。
  g) 基岩段应采用带岩芯管的合金钻头或金刚石钻头取芯钻进至稳定基岩 2 m 时,基岩钻进岩芯采取率不低于 85%。
  h) 保护管底基岩部分应用牙轮钻头或平底钻头扩孔至设计孔径,并磨平孔底,清除孔底残留物。

6.2.2.5 稳定基岩取芯钻进要求:
  a) 采用钻头扫孔,清除保护管浮力塞及管底残渣。
  b) 取芯钻进参照本规范 6.2.2.4 第 e)、f)、g)款的要求执行,钻进深度应满足设计要求。
  c) 应用牙轮钻头或平底钻头磨平孔底。
  d) 进行清孔换浆,清除孔底残留物,泥浆循环清孔时间宜不小于 1 h,孔口返出清水中应不含有岩石粉,清孔后孔底应无岩石粉沉渣。

6.2.3 埋设

6.2.3.1 保护管

  a) 根据设计要求和实际孔深配置保护管,准确丈量并记录保护管长度。
  b) 检查保护管圆直度及丝扣质量,清洁除锈,做好丝扣润滑。
  c) 标杆保护管的重量应与钻机和钻塔的承载能力相适应,必要时,在保护管内安装浮力塞减轻重量。
  d) 进行清孔换浆和探孔。
  e) 采用钻机卷扬机吊装下管,保护管底部应按设计要求安装托盘。
  f) 保护管在丝扣连接处应用电焊点焊加固,防止丝扣松脱。
  g) 保护管应用套管夹板固定在孔口。
  h) 保护管外侧应进行灌浆加固补强,灌浆材料宜采用水泥,水泥标号应不低于 32.5 级,水灰比不宜大于 0.5。
  i) 灌浆方式可采用保护管外灌浆或保护管内压浆。保护管外灌浆,灌浆量宜为保护管与孔壁环状间隙的体积量;保护管内压浆,压浆量宜适当增加,并应计算好替浆清水量。按要求制作 3 个水泥浆试块,标准养护 28 d 后送检测单位进行抗压强度检测。
  j) 灌浆结束后,应重新对保护管进行垂直度校正并固定。
  k) 水泥浆灌注后应候凝,一般候凝时间为 3 d~5 d。

6.2.3.2 标杆

  a) 标杆底部一般应埋入稳定目的层内 5 m~10 m。丈量钻具,校正钻孔深度。
  b) 按照地质设计和实际钻孔深度配置标杆,正确丈量并记录标杆长度。
  c) 按设计间距设置扶正器,安装标杆扶正器应逐个检查,检查各项转动功能是否正常。
  d) 按设计要求依次下入不同规格及长度的标杆,下标杆应采用钻机卷扬机吊装进行,标杆采用丝扣连接。
  e) 下标杆应平稳,防止碰撞扶正器。
  f) 标杆应下至预定深度,深度误差不得大于 0.1 m。
  g) 标杆下至孔底后,应通过标杆向孔底压入定量水泥浆对标杆底部进行固定,灌浆量宜为钻孔基岩孔段体积的60%～80%。
h) 水泥浆配比及试块制作、检测按本规范6.2.3.1第i)款的要求执行。
i) 保护管内应灌注清水。
j) 保护管0 m～2 m内应灌注防锈重油。

6.2.3.3 安装标头

a) 在标杆上安装主标头,拧紧丝扣。
b) 安装保护盖,主标头应高出保护管顶端100 mm左右。

6.2.3.4 标杆体高于地面的裸露部位,应做好防锈处理。

6.2.3.5 基岩标竣工后,应设置窨井保护盖、围栏等长期保护设施及标识,宜建设保护用房。

6.2.4 质量检验

基岩标质量检验项目、标准和方法应符合表1的规定。

表1 基岩标/分层标质量检验项目、标准和方法

序号	内容	检验项目		允许偏差或允许值		检验时间	检验方法	备注
				单位	数值			
1	构件	管材	圆直度	mm	≤1/m	管材加工前、埋标前	钢尺量	
2			壁厚	mm	≤10%	加工前	游标卡尺	
3		扶正器	直径	mm	±1	制作后	游标卡尺	
4	钻探	成孔	顶角	(°)	1.0(终孔深度≤300 m)	终孔	测斜仪(精度小于0.1°)	每钻进50 m测孔1次,每50 m不超过0.2°
5				(°)	1.5(300m<终孔深度≤500 m)			
6				(°)	2.0(终孔深度>500 m)			
7			深度	m	±1/1 000	每钻进50 m,换径、终孔时	钢卷尺丈量钻具	
8	埋设	标埋置	深度	m	±0.1	下标后	钢卷尺丈量标杆	
9		注浆量			设计要求		检查实际注浆量	
10		试块强度			设计要求	28 d后	试件报告	
11		扶正器	导轮及导正架			下标前	手动检查全数检查	能自由旋转2圈以上

6.3 分层标

分层标应按地质设计要求进行定位,同一分层标组时相邻分层标标间距不宜小于4 m。在相邻分层标埋设标底的深度差较大的情况下,标间距可适当减小。

6.3.1 构件

分层标构件主要由保护管、标杆、标底、滑筒结构、扶正器、主标头和副标头等组成。

6.3.1.1 保护管及标杆

保护管及标杆的结构及制作要求同基岩标。

6.3.1.2 标底

a) 由底部插钎、钢质环状托盘、滑杆、对接接头组成,相互连成整体。
b) 插钎应由 DZ40 无缝钢管制成,直径 89 mm,壁厚 4.5 mm,长度视地层软硬确定,一般 300 mm～400 mm,沿其轴向均匀开 8 条～10 条叉缝。
c) 滑杆的下部与钢质环状托盘连接,上部与对接标杆的接头丝扣连接。滑杆采用 45# 碳钢车磨制成,其表面粗糙度 Ra 应小于 1.6 μm,有腐蚀性地下水的区域,宜采用镀铬处理。

6.3.1.3 滑筒结构

a) 滑筒由外筒、液压腔、注油螺栓、液压油、上密封盖、铜套、油封、锥形密封底盖等组成。
b) 液压腔的上密封盖和密封底盖与外筒宜采用焊接,应确保焊缝密实不渗漏。
c) 上密封盖、密封底盖与内侧铜套应按过盈配合加工。每个铜套内侧设置两道 YXd 轴用密封圈,密封圈的开口方向应相背,防止液压腔外部水渗入和液压腔管内油渗出。
d) 注油螺栓应靠近液压腔的顶部,开孔处设置螺母,螺母应与外管密封焊接。注油螺栓上应设置密封圈。
e) 两根导正滑道应采用电焊固定在滑筒上,应采取措施确保其沿外筒轴线对称。
f) 进行标底与滑筒的组装,在液压腔中注满液压油,注油口用防渗漏螺栓拧紧。滑杆与滑筒能在一定距离(1 m～2 m)内上下滑动。

6.3.1.4 扶正器及主、副标头

扶正器和主、副标头结构及制作要求同基岩标。

6.3.2 钻探(成孔施工)

6.3.2.1 分层标施工工艺流程宜参照本规范附录 B.2 执行。

6.3.2.2 分层标组内各分层标体施工顺序应遵循先深后浅的原则。

6.3.2.3 分层标钻探施工应充分综合本地区的施工经验。

6.3.2.4 钻孔结构应根据地质条件、终孔直径及深度、钻进工艺方法和钻探设备等因素综合确定,一般宜采用单一孔径。地质条件复杂时,可采用二级以上结构。成孔孔径宜比保护管外径大100 mm～150 mm。

6.3.2.5 钻进成孔:

a) 分层标钻进成孔方法按本规范 6.2.2.3 条规定确定。
b) 分层标钻进到设计深度后,应进行清孔换浆,清孔后孔底沉渣应不超过 100 mm。

6.3.3 埋设

6.3.3.1 下标底和保护管:

a) 在插钎底部放置锥形木塞,其最大外径应大于插钎内径 10 mm～15 mm,长度应不超过 100 mm。
b) 进行终孔孔深校正,检测终孔垂直度。

c) 根据设计要求和实际孔深配置保护管,保护管长度应准确丈量。

d) 检查保护管圆直度及丝扣质量,清洁除锈,做好丝扣润滑。

e) 采用与保护管底托盘同径的长钻具进行探孔,探底孔深误差小于1‰时,方可进行下标工作。

f) 将标底与滑筒用细铁丝固定,防止标底、滑杆下滑。

g) 采用钻机卷扬机吊装下标。

h) 按编号顺序将标底及滑筒连接在保护管底部,按顺序下入孔内,并在管内灌入清水。

i) 保护管的连接和固定按本规范6.2.3.1第e),f),g)款的要求执行。

6.3.3.2 压标:

a) 当标底、保护管到达预定位置,孔内无异常情况后,方可进行压标。

b) 在保护管内下入压标钻杆,用钻机加压油缸,通过压标钻杆上的锥形接头压紧滑杆的对接接头,将插钎压入目标土层至设计深度。

6.3.3.3 上提保护管:

a) 保护管内钻杆继续压住滑杆,保持标底固定不动。

b) 按地质设计要求的滑动行程将保护管上提一定高度,保持标杆的滑动距离。

6.3.3.4 对接标杆:

a) 提出压标钻杆,在保护管内按编号下入不同规格的标杆,下标杆要求按本规范6.2.3.2第b),c),d),e)款执行。

b) 至滑杆顶部接头处,顺时针旋转标杆并拧紧,使标杆与标底连成一体。

6.3.3.5 保护管外侧止水与加固:

a) 保护管外侧应进行止水加固,宜采用黏土球和水泥浆加固。标底以浅20 m孔段投入干黏土球封孔止水,其余用水泥浆灌浆,灌浆操作按本规范6.2.3.1第h),i),j),k)款的要求执行。

b) 埋深小于50 m的浅层分层标可全部用黏土球回填、封孔加固。

6.3.3.6 安装标头。安装标头要求应按本规范6.2.3.3条执行。

6.3.4 质量检验

6.3.4.1 分层标质量检验项目、标准和方法应符合本规范表1的规定。

6.3.4.2 在标底组装前,应对每根滑杆的表面粗糙度进行检测,其表面粗糙度Ra应小于$1.6~\mu m$,宜采用触针法或比较法进行检测。

6.3.4.3 标底和滑筒组装加注液压油后,应对滑杆在滑筒中进行全程滑动检测。

6.4 地下水监测井

6.4.1 构件

地下水监测井构件由井管、滤水管和沉淀管三部分组成。

6.4.1.1 井管及沉淀管应采用附有产品质保书的无缝钢管,其弯曲度不得超过1.5 mm/m。

6.4.1.2 滤水管应采用与井管同径的钢管骨架缠铜丝结构,有效长度不小于滤水管总长的90%。

6.4.2 钻探(成孔施工)

6.4.2.1 地下水监测井施工工艺流程宜参照本规范附录B.3执行。

6.4.2.2 地下水监测井施工应符合国家和行业现行标准《供水水文地质勘察规范》(GB 50027)和

《地质岩心钻探规程》(DZ/T 0227)的相关规定,并充分综合本地区的施工经验。

6.4.2.3 监测井井口应设置井口保护管,保护管直径应大于井孔直径100 mm~200 mm,下管深度应进入黏性土层2 m以上,应在保护管外侧做好稳固及止水措施。

6.4.2.4 施工过程中应按规范采取岩芯、岩样。

6.4.2.5 钻孔结构:
a) 应根据水文地质条件、终孔直径及深度、钻进工艺方法、抽水方法与设备及钻探设备等因素综合确定。
b) 松散地层的钻孔直径应能满足预计出水量选用的滤水管直径和填砾间隙的要求,基岩钻孔直径以满足预计出水量而下入的抽水设备所要求的孔径或以滤水管直径为依据确定。
c) 条件具备时,应采用"一径成井"工艺;在松散、破碎、严重漏失等复杂地层应采用护壁性能好、易于破壁解淤的优质泥浆钻进,争取少下或不下套管,以简化钻孔结构。
d) 钻孔口径系列应按《地质岩心钻探规程》(DZ/T 0227)选择确定。

6.4.2.6 钻进成孔方法应根据岩土层的钻进特性、岩芯采取要求、钻孔结构和施工条件等因素综合确定,可参照《水文水井地质钻探规程》(DZ/T 0148)推荐的成孔方法。

6.4.2.7 钻进工艺技术要点:
a) 钻进过程中应按设计要求进行孔深校正、孔斜测量,发现超差时应进行纠正。
b) 冲洗液应根据地质条件和施工情况等因素合理选用。
c) 护壁方法应根据地层岩性、钻进方法、钻孔结构及施工情况确定,必要时可采用套管护壁。
d) 钻进成孔用的冲洗液质量,应符合下列规定:
  1) 一般地层冲洗液密度宜为 $1.05\ g/cm^3$~$1.2\ g/cm^3$,遇高压含水层或易塌地层,冲洗液密度可酌情加大。
  2) 砾石、粗砂、中砂含水层冲洗液黏度应为22 Pa·s~26 Pa·s;细砂、粉砂含水层冲洗液黏度应为18 Pa·s~20 Pa·s。
  3) 钻进工艺参数可结合地层条件和钻进方法参照《水文水井地质钻探规程》(DZ/T 0148)和《地质岩心钻探规程》(DZ/T 0227)选择确定。

6.4.2.8 清孔换浆:
a) 清孔换浆前应进行扫孔破壁。
b) 换浆冲洗液密度应小于 $1.1\ g/cm^3$,出孔冲洗液与入孔冲洗液性能应接近一致。

6.4.3 埋设

6.4.3.1 严格按成井工艺规程要求成井。

6.4.3.2 井管口径、材质等应满足地质设计的要求,同时符合《地面沉降调查与监测规范》(DZ/T 0283)的规定。

6.4.3.3 井管应高出地面一定高度,退场前做好井口保护与标识。

6.4.3.4 下管成井:
a) 下管前应做好下列准备工作:
  1) 校正孔深,按实际地层情况调整成井设计。
  2) 检查井管圆直度、丝扣质量,测量井管长度,进行井管组合、排列编号。
  3) 采用直径小于孔径30 mm~50 mm、长度3 m~5 m的探孔器进行探孔,检查确认钻孔圆直、无阻。

b) 下管操作要点：
1) 按预定井管组合、编排顺序依次下管。
2) 应安装井管扶正器，扶正器外径应小于井孔直径 30 mm～50 mm，数量应根据井深和井管类型确定，宜按 5 m～10 m 间隔安装，每井应至少安装 2 组。
3) 井管的连接应做到对正接直、封闭严密，接头处的强度应满足下管安全和成井质量的要求，必要时在丝扣处采用点焊加固。
4) 滤水管安装位置的上下偏差不宜超过 300 mm。
5) 井管安装完毕，应及时在井管内下入带活塞的钻杆至滤水管底部以上 1 m 处，进行二次调浆清孔。

6.4.3.5 回填与止水：

a) 井管安装完毕后，应及时进行回填。砾料回填应满足下列要求：
1) 回填砾料应采用与目的含水层颗粒级配相匹配的天然石英砂，按设计标准要求严格选择并过筛。
2) 回填时，宜采用动水投砾方式。回填砾料应沿井管四周连续均匀慢速填入，边投砾边测量砾料所在深度；应及时校核投砾数量，当发现填入数量及深度与计算有较大出入时，应及时找出原因并排除。
3) 回填高度一般高于含水层顶面，但不得高于隔水层顶面。

b) 砾料回填至设计标高后，应及时进行止水。止水应满足下列要求：
1) 严格按设计要求选择止水材料，并按规定程序完成止水。
2) 应采用优质黏土球止水，黏土球直径宜为 30 mm～50 mm，并应在半干状态下缓慢投入。当黏土球投入预计量 0.5 h 后测量回填高度，止水层厚度一般不小于 10 m。
3) 止水结束后应进行止水效果检验。检验合格后，孔口至止水深度间可采用黏土块围填，孔口应采用优质黏土封口。

6.4.4 洗井

6.4.4.1 成井结束应及时洗井。洗井方法应根据含水层类型确定，宜采用多种方法联合洗井，方法和程序可按《水文水井地质钻探规程》(DZ/T 0148)执行。

6.4.4.2 洗井达到下列要求时可终止洗井：
a) 出水应达到水清砂净的要求，其含砂量不大于 1/200 000（体积比）。
b) 单位涌水量与附近该含水层相符或二次洗井单位涌水量不再增加。
c) 地质设计规定的其他要求。

6.4.5 抽水试验

洗井完毕后，进行抽水试验，应满足下列要求：

6.4.5.1 抽水试验开始前应观测静止水位，静止水位稳定时间不少于 4 h。

6.4.5.2 抽水试验应按设计要求进行，设计未作具体规定时，按《供水水文地质勘察规范》(GB 50027)相关要求执行。

6.4.5.3 按要求做好记录，记录抽水试验过程中的水量、水位、水温等数据。

6.4.6 质量检验

地下水监测井质量检验项目、标准和方法应符合表 2 的规定。

表 2 地下水监测井质量检验项目、标准和方法

序号	内容	检验项目		允许偏差或允许值		检验时间	检验方法	备注
				单位	数值			
1	构件	井管、沉淀管	弯曲度	mm/m	≤1.5	材料进场时		
2		滤水管	有效长度		≥90%	材料进场时	钢卷尺丈量	滤水管总长的90%
3	钻探	成孔顶角	≤100	(°)	≤1.0	每钻进50 m及终孔时	测斜仪（精度小于0.2°）	每钻进50 m测孔一次，每50 m不超过0.5°
4			>100	(°)	≤1.5			
5		成孔深度		m	±1/1 000	每钻进50 m及终孔时	钢卷尺丈量钻具	
6	埋设	扶正器	外径	mm	小于井孔直径30～50	安装时	钢卷尺丈量	
7		滤水管安装位置	上下偏差	mm	≤300	滤水管安装时	钢卷尺丈量	
8		填滤水管安装	高度	m	高于滤水管顶端5	回填砾料时	测绳	一般高于含水层顶面，但不得高于隔水层顶面
9		止水	厚度	m	≥10	回填黏土球时	测绳	
10	洗井	沉渣	厚度	m	≤0.5	洗井结束	测绳	测量精度≤1 cm
11		含砂量	体积比		≤1/200 000	洗井结束	含砂量计量仪	
12	抽水试验	静水位	稳定时间	h	≥4		秒表	

6.5 孔隙水压力监测孔

适用于饱和土层中孔隙水压力的原位测试。

6.5.1 构件

孔隙水压力监测孔构件由孔隙水压力计和接线两部分组成。

6.5.1.1 孔隙水压力计是指用于测量孔隙水压力或渗透压力的传感器，按仪器类型可以分为电测式、液压式、气压式等。孔隙水压力计一般从专业生产厂家购买，经检验合格后投入使用。

6.5.1.2 仪器设备在使用前必须经过检验和系统标定，检验标定结果应符合下列规定：
  a) 孔隙水压力无变化时，仪表指示的读数应稳定，标定曲线的3次重复误差应小于精度要求。
  b) 电测式孔隙水压力计应绝缘可靠，埋入土中的导线不宜有接头，所使用电源的电压值应在允许范围内。
  c) 液压式孔隙水压力计管路中不得有气泡，导管与接头不应渗漏，各部分连接必须牢固。

6.5.1.3 孔隙水压力计屏蔽线加接时，应确保连接可靠，并进行防水保护。

6.5.2 钻探(成孔施工)

6.5.2.1 孔隙水压力监测孔施工工艺流程宜按照本规范附录 B.4 执行。

6.5.2.2 孔隙水压力监测孔成孔深度宜比孔隙水压力计埋设深度深 0.3 m～0.5 m。

6.5.2.3 钻孔应垂直,孔径宜为 100 mm～130 mm;在填土层或浅层等松散不稳定的土层中,应下套管护孔,护孔套管应保证垂直。

6.5.2.4 一般不得采用泥浆护壁工艺成孔。如埋深较大或地质条件较差不得不采用泥浆护壁时,在钻孔完成之后,用大泵量清孔,清出孔内沉渣并调稀泥浆比重至 1.05～1.08。在拟埋设孔隙水压力计位置处,禁止往孔内投入黏土代替泥浆护壁。

6.5.2.5 钻探应有完整的原始记录,包括回次进尺、地层分层深度和土的性质描述等。

6.5.3 埋设

6.5.3.1 埋设孔隙水压力计前,应排除孔隙水压力计内及管路中的空气。

6.5.3.2 在含水层分界处附近埋设孔隙水压力计时,应采取止水措施,避免上下含水层的沟通。

6.5.3.3 孔隙水压力计埋设方法应根据孔隙水压力计的埋设深度、布设方式及土的性质等条件确定,可选用压入埋设法、填埋法和钻孔埋设法。

6.5.3.4 在软弱土层中埋设单个孔隙水压力计时,宜采用压入埋设法;在填方工程中宜采用填埋法;在同一测试孔中设置多个孔隙水压力计时,宜采用钻孔埋设法。

6.5.3.5 采用压入埋设法时,应根据埋设深度和压入难易程度,或直接将孔隙水压力计缓慢压入预定深度,或钻进成孔到埋设预定深度以上 0.5 m～1.0 m 处,再将孔隙水压力计压到预定深度,其上孔段用黏土等隔水填料全部填实封严。

6.5.3.6 在填方工程中采用填埋法时,可在填筑过程中按要求将孔隙水压力计埋入预定深度。

6.5.3.7 钻孔埋设法应满足下列要求:

a) 当采用钻孔埋设法时,钻孔结束后,先向孔底填入 0.3 m～0.5 m 的滤砂,再放入孔隙水压力计,再围填约 0.5 m 滤砂。滤砂宜选用干净的中粗砂、砾砂等透水材料,滤砂层高度宜为 0.8 m～1.0 m。然后,用直径 20 mm 左右黏土球止水,止水厚度不得小于 1.0 m,剩余孔段用优质黏土回填严实。

b) 当一个钻孔内埋设多个孔隙水压力计时,上下两个孔隙水压力计之间应用高度不小于 1 m 的止水填料分隔。止水填料宜选用直径 20 mm 左右黏土球,在投放黏土球时,应缓慢、均匀投入,确保止水效果。

c) 封孔可用黏土、水泥浆等隔水填料填实封严,防止地表水渗入。

d) 孔口应设置有效的防护装置,并设立明显的标志,孔隙水压力计导线应采取防潮、防水措施。

6.5.3.8 埋设工作应有详细记录,并附有埋设柱状图。柱状图中应标明各孔隙水压力计安放位置、透水填料层和黏土球隔水层的实际深度等。

6.5.4 监测

6.5.4.1 孔隙水压力计埋设完成后,应测定孔隙水压力初始值,初始值应取稳定后读数的平均值或中值。初始值应满足下列要求:

a) 压力计初测应逐日定时量测,以观测初始值的稳定性。

b) 稳定值应符合连续 3 d 读数差：电测式、液压式小于 2 kPa，气压式小于 10 kPa，水位计小于 50 mm。

6.5.4.2 稳定方式应根据孔隙水压力变化规律，采用跟踪、逐日或多日等不同的观测频率，并应符合下列要求：

  a) 孔隙水压力上升期间，应逐日定时测定。当上升值接近控制标准时，应进行跟踪观测。
  b) 孔隙水压力消散期间的观测，可根据工程要求和消散规律确定测定方式。
  c) 每次量测，均应及时做好记录，完整填写日报表。
  d) 应绘制孔隙水压力与时间及荷载等有关因素关系曲线图。
  e) 测试过程中应随时计算、校核、分析测试数据。当出现异常值时，应及时复测，并分析原因，提出意见和建议。

6.5.5 质量检验

孔隙水压力监测孔质量检验项目、标准和方法应符合表 3 的规定。

表 3 孔隙水压力监测孔质量检验项目、标准和方法

序号	内容	检验项目	允许偏差或允许值		检验时间	检验方法	备注
			单位	数值			
1	构件	孔隙水压力计	Hz	≤精度	进场检验	频率仪/测读仪	电测式和气压式
2	钻探	成孔顶角	(°)	≤2	每钻进 100 m 及终孔时	测斜仪（精度小于 0.2°）	每 100 m 不得超过 2°。孔深小于 30 m 可不进行测量
3		成孔深度	m	±1/1 000	每钻进 50 m，换径、终孔时	钢卷尺丈量钻具	
4	埋设	填砾厚度	m	0.8~1.0	投砾结束	测绳	
5	监测	初始值	kPa	≤2	埋设完成稳定后	频率仪/测读仪	电测式、液压式
			kPa	≤10		频率仪/测读仪	气压式
			mm	≤50		水位仪	水位计

6.6 水准点

6.6.1 构件

水准点由水准标石、水准标志两部分组成。

6.6.1.1 混凝土柱石的预制钢筋骨架应采用直径 10 mm 的 3 根主筋和直径 6 mm 的裹筋，每隔 0.3 m 捆绑一圈裹筋扎成三棱柱体，裹筋应围成边长 100 mm 的等边三角形，裹筋两端重叠扎紧。捆扎好的钢筋骨架长度等于混凝土柱石长度加 0.1 m。混凝土基座的钢筋骨架用直径 10 mm 的钢筋捆扎成网状，钢筋两端弯成直径为 25 mm 的半圆。

6.6.1.2 钢管水准标石用于冻土地区。钢管预制应采用外径不小于 60 mm、壁厚不小于 6 mm 且上端焊有水准标志的钢管代替柱石，距钢管底端 100 mm 处装有两根长 250 mm 的钢筋根络。钢管内应灌满水泥浆，钢管表面应涂抹沥青或乳化沥青漆。

6.6.1.3 水准点标石顶面中央应嵌入金属铜或不锈钢材质的半圆球作为水准标志。

6.6.2 埋设

6.6.2.1 水准点施工应按设计要求进行,并应根据冻土深度及土质状况选定标识类型:
a) 有岩层露头或基岩埋深小于 1.5 m 的地点,宜选择埋设岩层水准标石。
b) 沙漠地区或冻土深度小于 0.8 m 的地区,宜埋设混凝土柱水准标石。
c) 冻土深度大于 0.8 m 或永久冻土地区,宜埋设钢管水准标石。
d) 水网地区或经济发达地区的普通水准点,宜埋设道路水准标石。

6.6.2.2 采用机械钻孔时,应避开自来水、煤气、光缆及电缆等地下管线。

6.6.2.3 现场施工应以选点标记为中心挖掘标石坑,标石坑大小以方便作业为宜。

6.6.2.4 标石柱体可先行预制,底盘应在现场浇灌。各种类型标石的制作与埋设规格及材料用量的技术要求按《国家一、二等水准测量规范》(GB/T 12897)和《地面沉降水准测量规范》(DZ/T 0154)中有关规定执行。

6.6.2.5 水准点标志应安放正直,镶接牢固。

6.6.2.6 水准点标石埋设后,应制作铁或水泥保护盖,做好外部整饰,埋设指示牌。

6.6.2.7 水准标石埋设后,一般地区应经过一个雨季,冻土深度大于 0.8 m 的冻土地区还应经过一个冻期和解冻期,岩层上埋设的标石应经过一个月,方可进行水准观测。

6.6.2.8 水准点竣工后,应编写埋石工作总结,上交埋石后的水准点记录及路线图、标石建造关键工序照片或数据文件。

6.6.2.9 一、二等水准点应定期检查和维护,确保水准点的完整性和高程有效性。

6.6.3 质量检验

水准点质量检验项目、标准和方法应符合表 4 的规定。

表 4 水准点质量检验项目、标准和方法

序号	内容	检验项目	允许偏差或允许值		检验时间	检验方法	备注
			单位	数值			
1	构件	钢筋骨架主筋直径	mm	10	钢筋骨架制作时	钢卷尺	混凝土柱水准标石
		钢筋骨架裹筋直径	mm	6			
		钢筋骨架裹筋间距	m	0.3			
		基座骨架钢筋直径	mm	10			
		混凝土柱高度	m	≥1.2			
		钢管外径	mm	≥60	钢管制作时		钢管水准标石
		钢管壁厚	mm	≥6			
2	埋设	冻土深度线以下	m	≥0.5	挖掘标石坑时		冻土地区

6.7 卫星定位系统监测点

6.7.1 构件

GPS观测墩由混凝土基础、柱体和顶板组成。

6.7.1.1 GPS监测点应采用强制对中观测墩,中心设置强制对中螺丝,强制对中装置的对中误差宜小于1 mm。

6.7.1.2 混凝土基础的预制钢筋骨架用直径8 mm、纵横向各4根钢筋捆扎成网状。

6.7.1.3 GPS观测墩柱体预制钢筋骨架应采用直径12 mm的4根主筋和直径8 mm的裹筋,每隔0.25 m捆绑一圈裹筋扎成直径为400 mm圆柱体,裹筋两端重叠扎紧。

6.7.1.4 观测墩顶部设置不锈钢板,应制作规格为长200 mm、宽200 mm、高3 mm的预埋件。

6.7.2 埋设

6.7.2.1 GPS观测墩应现场浇灌混凝土,使基础和柱体成为一体。观测墩柱体制作规格为直径0.4 m、高度1.8 m的圆柱体,混凝土基础制作规格为长1.2 m、宽1.2 m、高0.8 m。

6.7.2.2 现场施工应以选点标记为中心开挖标石坑,坑底应铺设厚200 mm的碎石垫层。

6.7.2.3 观测墩或标石埋设施工完成后,应进行外部整饰,均应在监测点表面注明控制点的类级、埋设年代等文字注记。

6.7.2.4 埋设作业及其相关资料汇交的技术要求按《全球定位系统(GPS)测量规范》(GB/T 18314)和《地面沉降调查与监测规范》(DZ/T 0283)中有关规定执行。

6.7.3 质量检验

卫星定位系统监测点质量检验项目、标准和方法应符合表5的规定。

表5 卫星定位系统监测点质量检验项目、标准和方法

序号	内容	检验项目	允许偏差或允许值 单位	允许偏差或允许值 数值	检验时间	检验方法	备注
1	构件	钢筋骨架主筋直径	mm	12	钢筋骨架制作时		
		钢筋骨架裹筋直径	mm	8			
		钢筋骨架裹筋间距	m	0.25			
2	埋设	混凝土柱高度	m	1.8	现场浇灌混凝土时	钢卷尺	GPS观测墩
		混凝土柱直径	m	0.4			
		混凝土基础高度	m	0.8			
		混凝土基础长度(宽度)	m	1.2			
		碎石垫层(厚度)	mm	200			
		冻土深度线以下(厚度)	m	≥0.6	挖掘标石坑时		冻土地区

6.8 SAR角反射器

6.8.1 构件

SAR角反射器由混凝土基座和反射装置两部分组成。

6.8.1.1 混凝土基座的预制钢筋骨架制作与GPS观测墩的制作方法相同。

6.8.1.2 反射装置的材质宜采用铝合金薄板。反射装置表面由铝板、镀锌铁皮双层结构组成，铝板厚度为3 mm，镀锌铁皮厚度为1 mm，边侧加三角角钢加固。

6.8.1.3 反射装置的单面形状宜采用等腰三角形和正方形，加工过程中应严格检查三块金属板之间的相互垂直关系，角度加工公差应小于1°。

6.8.1.4 反射器棱边应设置活动关节，采用伸缩杆调节反射器仰角。

6.8.1.5 反射器顶底部应设置泄水孔防止积水。

6.8.2 埋设

6.8.2.1 以选点标记为中心挖掘标石坑，大小以方便作业为准。

6.8.2.2 混凝土基座柱体应现场浇灌混凝土，使基座和柱体成为一体。各种类型基座的制作与埋设规格及材料用量的技术要求按《全球定位系统（GPS）测量规范》（GB/T 18314）和《地面沉降调查与监测规范》（DZ/T 0283）中有关规定执行。

6.8.2.3 SAR角反射器安装需根据设计选定的SAR卫星成像轨道倾角和侧视角确定，埋设技术要求详见《地面沉降调查与监测规范》（DZ/T 0283）中有关规定。

6.8.2.4 基座和拉线应保持长期稳定，拉线应保证角反射器的指向和方位长期不变，且拉线和基座应位于同一形变体上。

6.8.3 质量检验

SAR角反射器质量检验项目、标准和方法应符合表6的规定。

表6 SAR角反射器质量检验项目、标准和方法

序号	内容	检验项目	允许偏差或允许值 单位	允许偏差或允许值 数值	检验时间	检验方法	备注
1	构件	钢筋骨架主筋直径	mm	12	钢筋骨架制作时	钢卷尺	SAR混凝土基座
		钢筋骨架箍筋直径	mm	8			
		混凝土柱高度	m	1.8	现场浇灌混凝土时		
		金属板垂直度	(°)	≤1	金属板加工时	三角尺	铝合金薄板器材
		铝板厚度	mm	3		钢卷尺	
		镀锌铁皮厚度	mm	1			
2	埋设	反射器指向方位	符合设计要求		反射器安装时	—	—

7 防治设施(工程)施工

7.1 一般规定

7.1.1 各类防治设施(工程)结构要求由委托单位或设计单位提出;无具体要求时,可按《地面沉降调查与监测规范》(DZ/T 0283)中的附录 H 确定。

7.1.2 质量检验应在施工过程中进行,验收应在现场施工结束后进行。

7.1.3 质量检验与验收的记录、数据和图件,应保持完整,并应按要求整理分析。

7.2 地下水回灌井

7.2.1 构件

地下水回灌井构件由井管、滤水管和沉淀管三部分组成。

7.2.1.1 井管及沉淀管应采用附有产品质保书的无缝钢管,其弯曲度不得超过 1.5 mm/m。

7.2.1.2 滤水管应采用与井管同径的钢管骨架缠铜丝结构,有效长度不小于滤水管总长的 90%。

7.2.2 钻探(成孔施工)

7.2.2.1 地下水回灌井施工工艺可参照本规范附录 B.3。

7.2.2.2 地下水回灌井施工应符合国家和行业现行标准《供水水文地质勘察规范》(GB 50027)和《地质岩心钻探规程》(DZ/T 0227)的相关规定,并充分综合本地区的施工经验。

7.2.2.3 回灌井井口应设置井口保护管,保护管直径宜比井孔直径大 100 mm～200 mm,下管深度应进入黏性土层 2m 以上,且应在保护管外侧做好稳固及止水措施。

7.2.2.4 施工过程中应按规范采取和保存岩芯岩样。

7.2.3 埋设

7.2.3.1 地下水回灌井应严格按成井工艺要求成井。

7.2.3.2 井管口径、材质等应满足地质设计的要求,同时应符合《地面沉降调查与监测规范》(DZ/T 0283)的规定。

7.2.3.3 井管应预留一定长度,退场前做好井口保护与标识。

7.2.3.4 下管成井应满足本规范 6.4.3.4 条要求。

7.2.3.5 回填与止水应满足本规范 6.4.3.5 条要求。

7.2.4 洗井

洗井应满足本规范 6.4.4 条要求。

7.2.5 抽水试验与回灌试验

7.2.5.1 抽水试验应满足本规范 6.4.5 条要求。

7.2.5.2 抽水试验结束后,应进行回灌试验。

7.2.5.3 回灌试验应满足下列要求:
   a) 回灌试验开始前应观测静水位,静水位稳定时间不少于 4 h。
   b) 回灌试验应按照定流量法进行回灌,宜以 10 t/h 为初始回灌量,并按照 10 t/h 逐步递增回灌量,最大回灌量不宜超过回扬量。
c) 回灌试验过程中详细记录回灌量、回灌水位、回灌时间、回扬量和回扬时间。
d) 回灌试验结束后,根据回灌数据计算堵塞比及疏通比,确定最佳回灌量。

7.2.6 回灌管路安装

7.2.6.1 地下水人工回灌工艺可采用真空回灌或压力回灌。
7.2.6.2 真空回灌井内水位以上至电动控制阀之间的管路应具备良好的密封条件。
7.2.6.3 压力回灌过滤器网的抗压强度应满足压力回灌要求,井管与泵座应密封。
7.2.6.4 回灌管路系统宜由输水管路、进水管路、回流管路和排水管路组成。
7.2.6.5 回灌管路中的输水管路上应安装单向截止阀;排水管路必须安装单向截止阀,末端宜安装倒置"U"形管,以防止空气吸入井内堵塞含水层。

7.2.7 质量检验

地下水回灌井的构件、钻探、埋设和洗井等质量检验项目、标准和方法参照表2,抽水/回灌试验和回灌管路安装等应符合表7的规定。

表7 地下水回灌井抽水/回灌试验和回灌管路安装质量检验项目、标准和方法

序号	内容	检验项目	允许偏差或允许值		检验时间	检验方法	备注
			单位	数值			
1	抽水/回灌试验	静水位稳定时间	h	≥4	抽水/回灌试验开始前	秒表	抽水试验结束后,进行回灌试验
2	回灌试验	初始回灌量	t/h	10	回灌试验期间	水表或流量仪	按10 t/h逐步递增回灌量,最大回灌量不宜超过回扬量
3	回灌管路安装	压力回灌过滤器网抗压强度	—	应满足压力回灌要求	回灌管路安装时	压力计	—
4		排水管路	—	—	必须安装单向截止阀	人工检查	末端宜安装倒置"U"形管,以防止空气吸入井内堵塞含水层

7.3 注浆

7.3.1 适用于地面沉降易发区内建设用地的地面沉降防治、建设工程受地面沉降危害的应急措施。
7.3.2 注浆施工前应进行室内浆液配比试验和现场注浆试验,以确定施工参数、施工方法、施工设备和工艺。有地区经验时可参考类似工程经验确定施工参数。
7.3.3 注浆施工方法根据设计要求及不同的注浆目的、地质条件、工程条件和周边环境,可选用花管注浆法、底孔注浆法和袖阀管注浆法等方法。
7.3.4 注浆施工中遇大量漏浆时,可采用增加水灰比或间歇注浆的方法处理,必要时可在浆液中掺入速凝剂或采用双液注浆方法等。

7.3.5 注浆方法可单独使用,也可联合使用,或与其他地面沉降防治工程施工方法联合使用。
7.3.6 注浆施工工艺和质量检验应符合国家行业现行标准《建筑地基处理技术规范》[JGJ 79(J 220)]的相关规定和本地区的施工经验。

7.4 预压

7.4.1 适用于地面沉降易发区内建设用地的地面沉降防治。
7.4.2 地面沉降重要防治区域或重点防治工程,应在现场选择试验区进行预压试验,分析预压处理效果,以指导整个场区的设计与施工。
7.4.3 应考虑预压施工对相邻建筑物、地下管线等产生附加沉降的影响。预压区域边线与相邻建筑物、地下管线等的距离不宜小于 20 m,当距离较近时,应对相邻建筑物、地下管线等采取保护措施。
7.4.4 当受预压时间限制,残余沉降或工程投入使用后的沉降不满足工程要求时,在保证整体稳定条件下可采用超载预压。
7.4.5 预压施工工艺和质量验收应符合国家行业现行标准《建筑地基处理技术规范》[JGJ 79(J 220)]的相关规定和本地区的施工经验。

7.5 其他工程措施

7.5.1 对于新近成陆地区的吹填土等欠固结土层的地面沉降防治工程工作区,可采用预留标高的方式进行地面沉降防治处理,充分考虑工后沉降。
7.5.2 鼓励结合各地区的特点,选择采用合适的其他工程措施。采用其他工程措施时,应进行现场试点,编制全面施工指导细则;全面施工工程应执行施工指导细则确定的工艺,并应执行《建筑地基处理技术规范》[JGJ 79(J 220)]和本地区相关标准。

8 职业健康、安全生产和环境保护

8.1 职业健康

8.1.1 施工现场应按国家和当地政府劳动保护法规和标准,为员工配备相应的劳动防护用品。
8.1.2 施工单位应建立必要的卫生保健制度,并认真执行。
8.1.3 施工现场应根据地域和季节作业特点,配备相应的急救药品。
8.1.4 施工现场应加强饮用水和食品卫生管理,防止食物中毒。
8.1.5 施工现场的职业健康管理应按《地质岩心钻探规程》(DZ/T 0227)的相关规定执行。

8.2 安全生产

8.2.1 施工现场应建立、健全安全生产管理规章制度,施工过程应严格执行现行安全标准规范的有关规定。
8.2.2 进场前应对施工人员实施安全教育,施工过程中应定期开展安全检查,及时消除安全隐患。
8.2.3 施工现场临时用电应符合现行行业标准《施工现场临时用电安全技术规范》(JGJ 46)的规定。
8.2.4 钻探设备的安装、拆卸、使用和操作应遵守《地质勘探安全规程》(AQ 2004)的规定。
8.2.5 钻探机械、钻具等应经常检查其磨损程度,并应按规定及时更新。

8.2.6 焊、割作业点，氧气瓶、乙炔气瓶、易燃易爆物品的距离和防火要求应符合有关规定。

8.2.7 施工现场钻进作业安全管理应按《地质岩心钻探规程》(DZ/T 0227)的相关规定执行。

8.3 环境保护

8.3.1 施工现场应建立环境保护管理规章制度。

8.3.2 合理规划使用建设施工场地，减少土地占用和生态环境破坏。

8.3.3 施工现场存放的油料和化学溶剂等物品应设有专门的库房，并采取防渗漏措施。废弃的油料和化学溶剂应集中处理，不得随意倾倒，避免污染土壤、水体。

8.3.4 废水和废浆不得直接排入农田、林地或市政管道，应进行现场无害化处理或按指定要求排放。

8.3.5 施工期间应采取措施，防止扬尘、噪声、光污染扰民。

9 竣工报告与工程验收

9.1 一般规定

9.1.1 地面沉降监测设施和防治设施（工程）施工、安装完成后，应及时编制竣工报告；在完成验收后，应按照资料汇交的有关要求提交所在地地质资料档案馆归档。

9.1.2 地面沉降监测设施和防治设施（工程）施工、安装期间的工程监理资料，作为竣工资料的组成部分，一并归档。

9.1.3 基岩标工程施工结束后，应进行6个月变形观测，观测值稳定后方可进行验收。

9.2 竣工报告编制

9.2.1 地面沉降监测设施和防治设施（工程）竣工后，应整理相关质量控制资料和实物地质资料。主要包括：
   a) 地质编录原件、钻探班报表及其他相关的原始资料。
   b) 水质测试报告、土工试验报告及测井资料。
   c) 钻孔土样或地层缩样。

9.2.2 地面沉降监测设施和防治设施（工程）竣工后，应编制竣工报告，竣工报告内容主要包括：
   a) 工程概况。
   b) 施工组织设计要求和设计原则。
   c) 施工工艺与质量评述。
   d) 标孔的孔口标高、平面坐标及平面位置图。
   e) 综合柱状图（包括地层柱状图、监测设施结构图等）及测井、土工测试、水质测试资料等。
   f) 施工时间、进度及施工组织等。

9.3 工程验收

9.3.1 工程验收包括现场施工验收和报告验收，由建设单位组织进行质量验收，设计单位、监理单位和施工单位共同参加。

9.3.2 工程验收所需文件：
   a) 工程施工组织设计，包括图纸、施工组织设计变更等。

b) 工程施工原始资料、数据和图件、质量检验资料、监测设施的初始监测资料等。
c) 工程竣工报告。

9.3.3 工程验收资料应及时整理和汇交。

9.4 资料归档

9.4.1 工程验收合格后,应及时完成相关资料的归档。

9.4.2 归档资料包括设计文件、原始记录、竣工报告、验收资料等纸质和电子文档。

附 录 A
（规范性附录）
施工组织设计编制大纲

一、前言

项目来源、项目背景、目的任务等。

二、工程概况

地理位置、地形地貌、地层概况等。

三、编制依据

包括地质设计、相关标准及规范、相关技术成果及资料、项目任务书/合同等。

四、工作内容及技术质量要求

主要包括工作内容、工作量、地质设计要求、钻进施工要求、检测和试验要求等。

五、设备选择、场地布设及人员组织

主要包括设备选型、设备数量、场地布置、项目组织机构设置及人员配置情况。

六、施工工艺及主要施工方法

主要包括钻孔（井）结构设计、施工工艺流程、钻具组合、钻进技术参数、冲洗液类型及循环方式等。

七、质量保证措施

主要包括钻进、岩芯采取、成孔、成井、设备及设施安装和测试等方面质量保证措施。

八、事故预防措施

主要包括针对常见或易发的孔（井）内事故及施工中遇复杂情况提出的预防与处理措施。

九、安全生产、文明施工及环境保护措施

主要包括防寒、防火、防台、防汛、防雷等特殊季节施工措施、钻探安全技术措施、废弃冲洗液处理措施、环境保护措施等。

十、施工进度计划

主要包括工作内容、施工工序和相应的时间节点等。

十一、检验与验收

主要包括过程检验和验收的项目、内容、方法和程序等。

十二、竣工资料整理和汇交

主要包括施工过程的管理、技术、物资（材料）、试验、监测、地质记录、施工记录、竣工测量、质量评定等资料的收集、整理及汇交要求等。

附 录 B
（资料性附录）
施工工艺流程图

B.1 基岩标施工工艺流程图

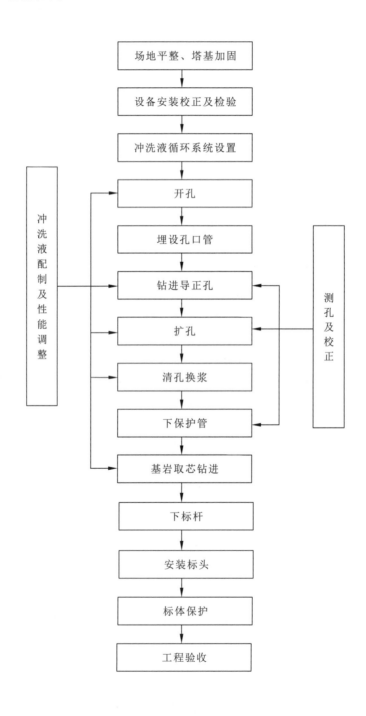

B.2 分层标施工工艺流程图

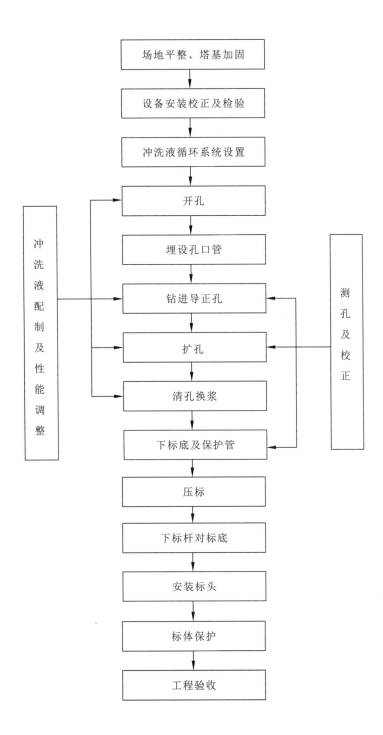

B.3 地下水监测井(回灌井)施工工艺流程图

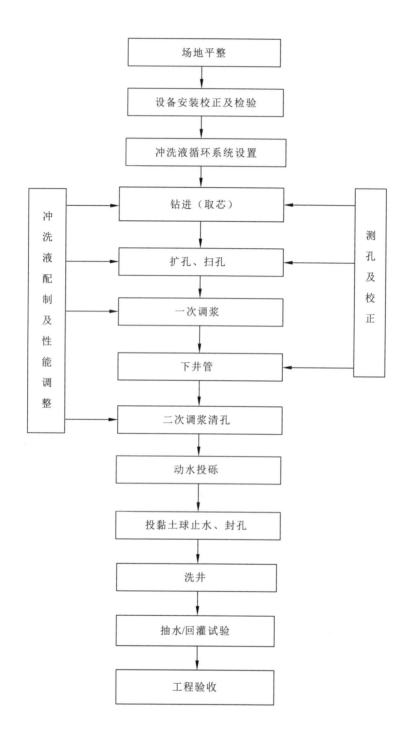

B.4 孔隙水压力监测孔施工工艺流程图

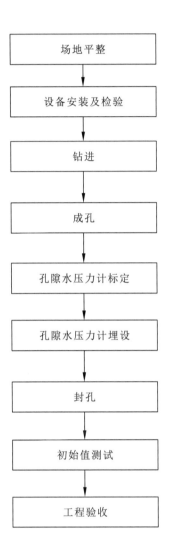

附 录 C
（资料性附录）
主要施工用表表式

C.1 钻进班报表

工程名称：_____　　　　　_____年___月___日自___时___分至___时___分班　　　　钻孔编号：_____　钻机编号：_____　　钻机类型：_____

工作时间		工作简述	钻具统计		机上余尺	钻进/m			岩芯		钻头		备注
自	至		编号	长度/m 累计		自	至	计	编号	长度/m	规格	类型	
													机高：____ m
													主动钻杆____ m
													孔内单根___根
													孔内立根___根
													孔内岩芯管___m
													钻头高度____ m
													孔内钻具总长___ m
		其他											

出勤人员	钻机管理：	工作小结：进尺：_____　岩芯：_____
	水泵管理：	
	工具管理：	机长：_____　交班班长：_____　接班班长：_____
	记录员：	

单位：　　第___页

C.2 钻孔地质编录表

工程编号：　　　　　　　　　　　　　工程名称：

钻孔编号			孔口标高		工程地点		钻机型号		静止水位		
钻孔口径		mm	终孔	m	设计深度 m		实际深度 m		施工日期		
回次	开孔 进尺/m		分层/m	名称	岩土主要特征描述（颜色、湿度、状态、密度、结构、分选性及成分、含有物、岩石风化程度、光泽反应、摇振反应等）					取样	
	自	至								编号	深度/m

单位：　　　　　　　　　钻机机长：　　　　　　　　　记录员：　　　　　　　　　第　页　共　页

C.3 钻孔孔深误差校正记录表

[ ]基岩标　　[ ]分层标　　[ ]地下水监测井　　[ ]地下水回灌井　　[ ]孔隙水压力监测孔

孔号		施工地址			
校正日期	孔深/m		偏差值/m	是否更正	备注
	校正前孔深/m	校正后孔深/m			

施工单位：　　　　　　　　　　记录人：　　　　　　　　　　校核人：

C.4 钻孔孔斜测量记录表

[ ]基岩标　　[ ]分层标　　[ ]地下水监测井　　[ ]地下水回灌井　　[ ]孔隙水压力监测孔

孔号		测斜仪		施工地址		
日期	孔深/m		钻孔顶角/(°)	测量人	记录人	备注

施工单位：　　　　　　　　　　校核：　　　　　　　　　　日期：

C.5 洗井观测记录表

孔号				含水层层位		水量	测口高度/m			
观测时间			累计时间		水位埋深		水量	沉渣厚度		
月/日	时	分	时	分	测口起算/m	地面起算/m	涌水量/(m³/h)	测口起算深度/m	沉渣厚度/m	观测员	备注

施工单位：　　　　　　　　　　　校核：　　　　　　　　　　　日期：

C.6 抽水试验观测记录表

孔号				含水层层位				测口高度/m			
观测时间			累计时间		水位埋深		水量		气温 /℃	水温 /℃	观测员	备注
月/日	时	分	时	分	测口起算 /m	地面起算 /m	秒表读数 /s	涌水量 /(m³/h)				

施工单位：　　　　　　　　　　　　　　校核：　　　　　　　　　　　　　　日期：

C.7 下管记录表

孔号					施工日期					
序号	规格	单根长度/m	累计长度/m	备注	序号	规格	单根长度/m	累计长度/m	备注
1					21				
2					22				
3					23				
4					24				
5					25				
6					26				
7					27				
8					28				
9					29				
10					30				
11					31				
12					32				
13					33				
14					34				
15					35				
16					36				
17					37				
18					38				
19					39				
20					40				

施工单位： 记录： 校核：

C.8 填砾记录表

孔号		施工日期		二次清孔泥浆比重	
填砾理论回填量/m³				设计填砾位置/m	
时间		填砾计量/m³	填砾量/m³	累计填砾/m³	实测填砾位置/m	备注
自	至					

施工单位： 记录： 校核：

C.9 止水(封孔)记录表

孔号		施工日期		施工地点		
黏土球理论回填量/kg				设计止水位置/m		
时间		黏土球计量/kg	黏土球重量/kg	累计黏土球重量/kg	实测投黏土球位置/m	备注
自	至					
止水效果						

施工单位:　　　　　　　　　　　　　记录:　　　　　　　　　　　　　校核: